筑境

中国精致建筑100

1 建筑思想

风水与建筑
礼制与建筑
象征与建筑
龙文化与建筑

2 建筑元素

屋顶
门
窗
脊饰
斗栱
台基
中国传统家具
建筑琉璃
江南包袱彩画

3 宫殿建筑

北京故宫
沈阳故宫

4 礼制建筑

北京天坛
泰山岱庙
闾山北镇庙
东山关帝庙
文庙建筑
龙母祖庙
解州关帝庙
广州南海神庙
徽州祠堂

5 宗教建筑

普陀山佛寺
江陵三观
武当山道教宫观
九华山寺庙建筑
天龙山石窟
云冈石窟
青海同仁藏传佛教寺院
承德外八庙
朔州古刹崇福寺
大同华严寺
晋阳佛寺
北岳恒山与悬空寺
晋祠
云南傣族寺院与佛塔
佛塔与塔刹
青海瞿昙寺
千山寺观
藏传佛塔与寺庙建筑装饰
泉州开元寺
广州光孝寺
五台山佛光寺
五台山显通寺

古城镇

中国古城
宋城赣州
古城平遥
凤凰古城
古城常熟
古城泉州
越中建筑
蓬莱水城
明代沿海抗倭城堡
赵家堡
周庄
鼓浪屿
浙西南古镇廿八都

筑境

中国精致建筑100

九华山寺庙建筑

出版说明

中国是一个地大物博、历史悠久的文明古国。自历史的脚步迈入新世纪大门以来，她越来越成为世人瞩目的焦点，正不断向世人绽放她历史上曾具有的魅力和光辉异彩。当代中国的经济腾飞、古代中国的文化瑰宝，都已成了世人热衷研究和深入了解的课题。

作为国家级科技出版单位——中国建筑工业出版社60年来始终以弘扬和传承中华民族优秀的建筑文化，推动和传播中国建筑技术进步与发展，向世界介绍和展示中国从古至今的建设成就为己任，并用行动践行着“弘扬中华文化，增强中华文化国际影响力”的使命。从20世纪80年代开始，中国建筑工业出版社就非常重视与海内外同仁进行建筑文化交流与合作，并策划、组织编撰、出版了一系列反映我中华传统建筑风貌的学术画册和学术著作，并在海内外产生了重大影响。

“中国精致建筑100”是中国建筑工业出版社与台湾锦绣出版事业股份有限公司策划，由中国建筑工业出版社组织国内百余位专家学者和摄影专家不惮繁杂，对遍布全国有历史意义的、有代表性的传统建筑进行认真考察和潜心研究，并按建筑思想、建筑元素、宫殿建筑、礼制建筑、宗教建筑、古城镇、古村落、民居建筑、陵墓建筑、园林建筑、书院与会馆等建筑专题与类别，历经数年系统科学地梳理、编撰而成。本套图书按专题分册，就其历史背景、建筑风格、建筑特征、建筑文化，结合精美图照和线图撰写。全套100册、文约200万字、图照6000余幅。

这套图书内容精练、文字通俗、图文并茂、设计考究，是适合海内外读者轻松阅读、便于携带的专业与文化并蓄的普及性读物。目的是让更多的热爱中华文化的人，更全面地欣赏和认识中国传统建筑特有的丰姿、独特的设计手法、精湛的建造技艺，及其绝妙的细部处理，并为世界建筑界记录下可资回味的建筑文化遗产，为海内外读者打开一扇建筑知识和艺术的大门。

这套图书将以中、英文两种文版推出，可供广大中外古建筑之研究者、爱好者、旅游者阅读和珍藏。

目录

九华山寺庙建筑

莲花佛国九华山坐落于皖南青阳县的西南，这里是多山丘陵地带。早在6—4亿年前这里是滨海与浅海地带，后因地壳运动与冰川剥蚀才形成这方圆百里，奇峰耸立，怪石嵯峨的花岗岩山体。青弋江与长江在其东南与西北宽广的平原上流过，群山雄峙于沃野广川之上，岳西、石台、金寨诸县境内千米以上高峰绵延不绝，云烟变幻、景色瑰丽。与之相比，九华山不如这些山峰高峻、雄伟。但九华山名声卓著、独冠一方，究其原因，九华山以佛教寺院建筑丰富而有地方特色见长。这是皖南诸山，甚至连名闻宇内的黄山都是无法相比的。九华山是地藏菩萨道场，中国四大佛教名山之一。千年的佛教开发史使九华山的山山水水与寺院建筑都披上了神秘的色彩，追根溯源，九华山之前身陵阳山因道家修炼早在汉代便成海内名山，真是“山不在高，有仙则名”，这源远流长的名山开发史为后来的发展打下了基础。

a

b

图0-1 皖南高山峻岭

图为自九华山天台正顶看周围群山的景色。皖南丘陵由北部九华山带、中部黄山带、南部天目山带组成。祁门县牯牛降海拔1728米，黄山光明顶海拔1840米，天目山清凉峰海拔1787米，都比九华山天台正顶（1320米）高四五百米。

图0-2 九华山入口牌坊

随盘山公路延伸到九华山腹地化城区，在入口处新建了一座四柱三间的牌楼，起到限定空间的作用。明间上平枋上雕“九华圣境”四个大字。

一、名山溯源

古代人类为生存计，多择平原与近水台地而居，高山峻岭、猛兽出没、禽蛇生息环境险恶，故长期是人类禁区。

春秋战国，老庄自成一派，其后方士承道家衣钵，攻仙药一门，或寻药于蓬莱或炼丹于深山。秦汉期间方士鼓吹，求药成仙之风弥漫于上层社会，为求长生羽化，纷纷笃信道家丹术，崇尚自然，栖隐胜地，合丹于山秀水清之地。于是在古人集居的邻近山丘渐有方士之足迹。择山炼丹之举又被道教进一步理论化。他们把老庄清静无为的精神境界和遨游仙境的脱俗风来作为道教徒追求的目标。道教认为：功行圆满的善男信女可得道成仙，弃欲守静的内修和择山炼丹的外修是得道成仙的主要手段。《抱朴子·内篇·金丹》曰："合丹当于名山之中，无人之地"（晋·葛洪）。道教的择山修炼与原始的自然崇拜有关。中国对山神的信仰由来已久，众多神话表明：古人认为

图1-1 真人峰

在凤凰岭东，与仙人峰毗邻，海拔千米以上，这里山峰俊秀，树木葱郁，环境清幽，据说曾是晋名道士葛洪修持之处。

图1-2 凤凰岭
位于九华山下二圣殿东，唐代著名道士赵知微曾在此建观栽桃，后世又称为碧桃岩。岩下有千丈巨瀑，与金沙、玉泉映带。岩后有枕月峰、真人峰双峰拱卫，风景佳丽，被列为九华十景之一——“桃岩瀑布”。

高山是神仙居住的地方。道教据此又创十大洞天、三十六小洞天、七十二福地，是神仙居住之说。所谓幽奥灵山，无愧神仙居宅，云凝碧汉，气冠群山，神仙止焉。九华山最初便是一座道家修炼的圣山。

九华山汉代名陵阳山，唐之前称九子山。汉武帝元封二年（前109年）置县，县因山得名。陵阳县令窦子明喜黄老神仙之术，爱慕山林，常岩栖涧汲、垂钓山溪，曾钓得白龙放生。白龙图报，将成仙得道之术记于书信，藏于鱼腹。子明垂钓复得，依异书修炼，采五石脂建灶炼丹，其弟子安随之。三年道成获仙丹七粒。子明跨白龙、子安乘黄鹤，此事记入《列仙传》（东汉·刘向）。陵阳山以此名播宇内，隋唐时期，陵阳山子明、子安成仙妇孺皆知。唐初诗人崔颢名诗《黄鹤楼》："昔人已乘黄鹤去……"写的便是窦子明的胞弟子安。这一仙迹还被笃信道术的李白反复歌咏："白龙降陵阳，黄鹤呼子安"，"愿随子明去，炼火烧金丹"。

据山志所载：继子明之后，晋道士葛洪（284—364年）曾来此炼丹，有"真人峰"、"葛仙丹井"、"葛仙洞"等遗迹。唐代，张果老尝来此乘驴至拾宝岩看花，石山蹄迹至今尚存。乾宁中（895—896年）名道士赵知微建延华观于凤凰岭，圣上屡诏未出，乃遣专使前来钦赐"碧云星冠、青霞羽衣"，延华观弟子众多，名噪一时。全山道教最盛时，建有道观二十余所，足见九华山佛教未兴，道观仙迹已至。只是后来道教日衰，佛教兴盛，九华山才以佛教名山享誉中华。

说到"九华"二字的来历，还与诗人李白有一段有趣的因缘。唐天宝十三年（754年）冬，李白"访道江汉"，由金陵上秋浦（今贵池），因仰慕陵阳山窦子明修炼成仙，与道友高霁一起约韦权舆至九子山西麓的夏侯回家饮宴赏景，时大雪满山，峰如莲花。李白认为此山虽有灵仙往复，但赋咏罕闻，乃与友联句并序，序中提出"削其旧号，加以'九华'之目"，从此九子山（陵阳山）易名为"九华山"。

二、佛寺兴衰

九华山佛教建筑据志书所载始于晋隆安五年（401年），当时有天竺僧杯渡创建茅庵，传经布道。唐开元末年（741年）当地乡老胡彦延请僧檀号广度男女，因触时豪所嫉，长吏焚其居而废之。直到唐天宝年间（742—756年）新罗国王族金乔觉来此持修，佛教才渐有发展。

中国自菩提达摩“面壁九年”禅学初兴，唐代“由禅及慧”已成禅修定式，并认定独居禅修是升天的唯一途径。《洛阳伽蓝记·卷二》便有“宝明寺智圣因坐禅苦行而得升天堂”的记载。新罗国僧金乔觉正是在此背景下涉海来唐游学。他几经辗转，约在天宝初至九子山定居苦修。至德元年（756年）山下长老诸葛节等人登山，被其虔诚苦修所感动，遂为其捐款修筑化城寺。初创时有放生池、朱台、楼门、台殿。因金乔觉高风大德所及，新罗国人相继渡海为其徒，时生活艰难，禅农并重以求自给。

图2-1 化城寺山门

化城寺创建于唐代，当时由诸葛节等资助，有僧胜瑜等参与建造，后屡毁屡建。现存化城寺除藏经楼为明代外，均为清代遗构。

图2-2 古拜经台

在天台峰下，距观音峰约两里，相传金地藏曾在此诵经，后人建寺纪念，寺名“大愿庵”，俗名“古拜经台”

图2-3 无相寺遗址

坐落于头陀岭，原为隐士王季文书堂，季文临终舍宅为寺，宋治平元年（1064年）获赐额，清同治十年（1871年）重新募修，“文革”时被彻底毁坏，现仅存石狮、残碑

金乔觉曾在观音峰附近诵经，天台峰禅修。晚年带侍者在南台诵经晏坐，后于贞元十年（794年）农历七月三十圆寂，时“趺坐函中，经三周星，开将入塔，颜状亦如活时”，故被视为地藏灵迹，后人建肉身塔供奉。

唐武宗会昌年间（841—846年）灭佛，九华山佛寺亦遭重创。自宣宗起佛教渐得恢复，至五代末年，九华山除舍宅为寺的无相寺、保真院、广福寺外，尚建有九子寺、云门寺、圆寂寺、翠峰寺、福海寺、卧龙庵等寺院22座。只是香火不旺，僧人靠禅农并重维持生计，故佛寺不但规模很小而且大多选址于九华山外围和青阳县城南一带以争取施舍。

宋朝皇帝崇佛使全国僧尼大增，寺院广建。但九华山山高路险，交通不便，经济落后，据明代刘城《游九华山记》披露，当时还有人怀疑金地藏作为地藏菩萨的地位。因此，

图2-4 九子寺

原名广化院，创建于晚唐，寺坐落于九子岩东南之碧云峰。此地峰石四面环峙，被称为“真烟霞之窟”。现存殿宇、月池、石塔诸遗构系清末僧悟恒募修。

图2-5 长生庵
为化城寺西寮之一，坐落于九华街龙庵旁，清同治六年（1867年）僧实宝募修。

宋代九华山化城寺一带金乔觉生前活动区仍极少有寺庙新建。

元朝推崇藏传佛教，九华山佛寺多年停止传戒，寺庵依旧、佛堂冷清。元末，池州全境为义军战场，僧人生活更为艰难，寺院失修，废圮甚多。

明代太祖早年曾入空门为僧，登基后大兴佛教。洪武二十四年（1391年）赐款维修、扩建主刹化城寺以示皇恩浩荡。宣德、万历年间又三次赐款、降旨、赐经。化城寺在朝廷扶植下迅速发展为东西两序十二寮房的总丛林。相传实叉难陀所译的《地藏菩萨本愿经》是一部伪经（参观中国佛教协会编《中国佛教·第二辑》，第185页），但由于皇帝的推崇以及宗教世俗化日益加深，民间信奉地藏菩萨迅速普及。化城寺也成了九华山的佛寺中心。万历县令苏万民在九华山前山入口处建五溪桥亭楼

图2--6 立庵

坐落于九华街，属化城寺东寮，本名“定慧庵”。清咸丰兵燹后，僧开宗重修。

a

b

图2-7 旃檀林外观及内景

位于化城寺西南，原为化城寺寮房，清代发展成挂单接众的丛林。旃檀林殿宇多为楼殿，梁柱雕饰精美。

坊，为游客上山提供了完善的接待设施，也为入口序列增添了丰富的人文景观。

图2-8 观音大悲楼
位于旃檀林的左侧，系旃檀禅林慧深和尚于1994年募建。大悲楼重檐歇山顶，殿内供奉高6.19米的千手千眼观音像，下为大理石莲花宝座，以纪念观音出家日——6月19日。

图2-9 五百罗汉堂/后页
坐落于万年禅寺左前侧，重檐歇山琉璃屋面，地基系开岩修整为之，富丽堂皇有余，与环境融合不够。

清承明制，清初四帝兴佛，九华山在皇家的扶植下香火益盛。化城寺从寮房12家发展到72家，如长生庵、天池庵、立庵等。僧人猛增至三四千人。各处寺院亦多加扩建，也有部分寮房又发展为丛林大寺，著名的有旃檀林、祇园寺等。至清中叶全盛时期，全山寺庵已达156座之多。路亭、景亭修筑遍及朝山要道，九华山作为四大佛山之一的地位得到社会确认。

清咸丰三年（1853年）太平军与清军在九华山数次激战使寺庙损毁严重，以后虽一度予以修复，但抗日战争期间，日军进山扫

荡，铁蹄所至，大批寺庙再次被焚。此后又遭“文革”十年浩劫（1966—1976年）的破坏，寺庙处于极度衰败之中。

近年来随着宗教信仰自由政策的落实和九华山被列为国家级风景名胜区，九华山建设在海内外佛教团体与善男信女的大力捐助下得到迅速发展，寺庙修复，佛徒大增，香火大旺。寺院经济的富裕促进了寺院的扩建，寺庙又进入了一个新的发展时期。

三、佛寺布局

明清以降，地藏道场香火鼎盛，化城寺二序与寮房得到迅速发展，使九华山寺院形成了以寺庙最为密集的化城区为核心的格局，其中隶属于地藏道场的众多寺庵又以化城寺为主寺，按亲缘关系在组群布局上呈现出有序化的特点。具体表现为：与化城寺距离较近的一些寺庵采用了随从式或前导式的同向布局。距化城寺较远的一些寺庵则采用拱卫、向心的布局。例如明代建造的上禅堂虽然不是从化城寺寮房分化而来，但地处地藏菩萨道场，因此采用了朝向天台峰的地藏禅林以示臣服地位。这种尊卑有序、主从分明的格局显示了组群关系中的伦理化。

从伦理化原则导出圣迹崇拜。金地藏圣迹遗址地的寺院：化城寺、地藏塔院、东崖禅寺、地藏禅林，都成了朝山进香必到的圣域。整个地藏道场的寺院组群犹如聚族而居的血缘村落。在传统村落中，公共建筑为全村所用的原则，在这里表现为：“水陆堂”（龙庵）是专职举行“水陆法会”的场所；东崖的幽冥亭后来则成了地藏道场的钟亭。

图3-1 上禅堂大门外景/对面页

坐落于神光岭半山腰，原名景德堂，清康熙六年（1667年）宗衍和尚扩建后始用今名。入口采用斜门朝向地藏禅林。

上禪堂

图3-2 地藏禅林

又名“天台寺”。相传化城寺未创建之前，金乔觉曾在这一带禅修。此处地势险要，佛教徒称之为“中天世界”。现存建筑建于清末，是一幢既无天井又无院落的集中式建筑，依地形高低分别建一、二、三层，是体现九华山寺院地方特色的典范。

图3-3 幽冥亭

坐落在云舫岩的悬崖上，六角重檐，内置幽冥古钟一口。此亭原属东崖禅寺，1933年寺焚仅存此亭。

a

b

图3-4 闵园海慧寺外观及内景

为楼阁式尼庵，内设禅房、佛殿、正殿。

闵园环境幽静，乃禅修佳处

图3-5 接引庵
坐落于中闵园，在回香阁上天台峰的途中。庵背溪面山，佛殿大门临路而开，殿侧楼屋前的连骑廊跨路而筑，供香客停息，并吸引香客入庵进香。

图3-6 朝阳庵/对面页
位于中闵园与狮子岭去天台正顶的路线交会处。庵倚山洞而建，不规则多边形平面，有三条石板路交会于庵中，是一座典型的穿过式交通型庵堂。庵内供奉观音像，常年有一尼驻此诵经。

随着寮房的不平衡发展，逐渐产生四大丛林以强调自身相对独立的地位，这犹如血缘村落中同宗各支脉因兴衰不一而分立支祠的现象。其实伦理化原则本是佛教文化的重要组成部分。例如佛教戒律规定：比丘戒条为250条，比丘尼戒条为348条，在教内同样身份的尼僧见到男僧要顶礼相见。这种男尊女卑的伦理关系在这里则表现为尼庵的建造被限制在闵园区内，不准越雷池一步。

九华山寺庵实际上存在着不同等级的序列格局。在朝山进香路线上分布着三种不同等级的寺庵。规模最小、数量最多的是穿过式交通型寺庵。实例如接引庵、朝阳庵、净土庵、吊桥庵等。这些小型寺庵或临路而建，或跨路而修，与寺庵相连的路亭、前廊既是上下山路的通道，也是寺庵不可分割的组成部分。莲花佛国若没有这些寺庵，寺庙布局的线性结构就会显得过于疏散，它不但为香客在朝山攀缘中提

图3-7 净土庵外景
坐落在去天台正顶的山路上，是一座面宽三间的小寺。寺前搭建了单坡骑廊，山路穿廊而过

a

b

图3-8 吊桥庵

古名“翠云庵”，庵背依嵯峨山峰，前临千仞绝壁，异常险峻。庵洞五间，正中三间为殿，两边为僧房。殿前廊道设在石拱桥上，两端设门，是去天台必经之道。

图3-9 慧居寺大雄宝殿内景
慧居寺殿宇恢宏壮观、金碧辉煌。大殿高三丈多，正面供释迦、药师、阿弥陀“三世佛”和文殊、普贤菩萨，两旁是十八罗汉坐像。

供了稍事停息的场所，而且还起着增加宗教空间序列层次的重要作用。

在朝山路线上每隔若干座穿过式交通型寺庵，往往会遇上一座规模可观的佛寺。这类佛寺殿宇宽敞，佛像高大庄严，人们过此往往会停下来去参拜、进香瞻仰。如去天台地藏禅林的途中的慧居寺、古拜经台、圆通庵等。

地处朝山进香路线尽端的寺庙是进香必到的圣地，这些地点原是当年金乔觉修持地，圣迹遗址，文化背景的特殊再加上地势险峻，因此这里的宗教气氛也就特别神秘。香客正是在这三级寺庙的反复诱导下逐步加深对莲花佛国魅力的领悟。

四、禅宗理想环境的演化

佛寺选址山林肇始于禅宗，以后佛寺大门便称山门。魏晋开岩凿窟供僧人修持和禅宗初祖菩提达摩“面壁九年”的记载，表明禅宗为避开世俗社会采取了极端的抑制与隔离来实现修炼。“山岩空谷间、坐禅而龛定”（《付法藏因缘录》），远离尘嚣寻求僻静的山居是僧人推崇的最佳禅修环境。

九华山历代高僧觅人迹罕至之峰顶崖巅卓锡持修，单纯、简朴、超凡脱俗绝尘的环境最易摒除杂念入静。当年金乔觉楼天台洞穴，无瑕和尚居摩空岭脊石堂，其选址之荒僻，完全是出于对持修理想环境的追求。

明清以降，因香火之盛使前山寺门若市，而后山的寺院仍长期保留着隐居生涯与苦行禅修的特征。据清代周赟著《九华山志》载：后山僧人选“山高径险、绕曲幽深，非特为祈福者所不到，即游山者亦莫之到”的地点建寺苦修。为了保持离群索居的幽静环境用设置迷径来隔离山路行人。实例如六亩田的心安禅寺，山路分叉通往寺院的小径处无任何标志，若不循环形小径绕过竹林，根本不会发现寺院。这些做法也见于因男尊女卑所限建于闵园的一些尼庵、茅棚。

前山寺院回归市井在禅学思想上是具有一定理论根据的。传统佛教修行三学：戒、定、慧，这一模式反映了早期禅宗对禅修的认识。

禅即习定，坐禅是手段是过程；慧是

图4-1 天台洞穴

在天台正顶下有一洞穴深丈余，宽不足十尺。据口碑：当年金乔觉曾在此修持，现有天台地藏禅寺僧人在此禅修。

觉悟、融会与智慧，是结果。禅宗六祖慧能（638—713年）提出："先立无念为宗"，遂创立"禅慧合一"的思想。他在"佛法在世间，不离世间觉，离世觅菩提，恰如觅兔角"的偈语中进一步发展了无念思想，这为寺院环境回归世俗的市井社会提供了理论支柱。以隐喻禅修为主题的大足石刻"牧牛图"，牧人最后重返世俗表现了"无念"便能"不二"。"青青翠竹尽是法身，郁郁黄花无非般若"(郭明《 坛经校释》)，把慧看做视而不见的定力、禅也升华成慧的表现。这种解释使寺院无须避离市井社会，只要"无念"、"不二"照样能持修成正果。

寺院不避市井环境导致香火的兴盛和寺院环境的商业化。这也是九华山多数寺院选址于朝山进香必经之途的主要原因。近年来市场商品经济对社会的冲击更加剧了环境的商业化，历史上禅宗宗师的高论并不能使悟性低微的广大僧尼顿悟成"无念"、"不二"的高僧。寺院回归市井，香火热持高不下，寺庙已不再是清净寡欲的修持之地，这是无法避免的归宿。

五、寺庙的建筑特色

中国佛寺经千年演化至明清已趋定型，其平面坐北朝南布局，以殿堂围合成庭院，以轴线组织空间。山门、天王殿、大雄宝殿、法堂、藏经楼……各在其位，各司其职。九华山路陡地窄，寺院为了适应地形采用变平面展开为立体叠合的手法来组织空间，不少佛殿设置于楼层，用楼梯、室内走廊处理交通。这与一般寺院采用室外庭院、甬道联系各建筑空间的方法绝然不同。实例如甘露寺、龙庵、地藏禅林、旃檀林和聚龙寺等，不胜枚举。

乾隆《塔山西面记》："山无曲折不致灵，室无高下不致情，然室不能自为高下，故因山以构室者，其趣恒佳也。"《园冶》论"楼阁基"中写道："楼阁之基、何不立于半山半水之间，有二层三层之说，下望之上是楼，上半拟为平屋。"这种巧用地形的手法在九华山佛寺建筑中屡见。如东崖的万年禅寺，天台路上的圆通庵、地藏禅寺，还有上禅堂、甘露寺等皆是。

轴线是居中为贵、尊卑有序观念的映射，因山势曲折、起伏，不但使九华山佛寺不设中轴线为常法，而且使很多佛寺不按常规的配置方法来设置单体建筑。例如慧居寺的大雄宝殿临路而建，此寺无山门之设；再如万年禅寺的大殿前虽有梯形广场，但广场入口处是石板山路，也无山门之设。这种种做法在中国四大佛山中仅见九华山一地。

图5-1 甘露寺鸟瞰（上图）

坐落于一天门与二天门之间的山路旁。因受地形限制，寺门设在底层，殿堂设在楼层，相互用梯道相通。寺创建于清康熙年间，由禅居于伏虎洞二十余年的洞安和尚离洞募建。

图5-2 甘露寺外观（下图）

主轴线上依次为山门、前殿、正殿、法堂、藏经楼；东侧为生活区，常设有僧房、香积厨、斋堂、职事堂等，西侧为挂单接待区。规模较大的佛寺在东西两侧的后部还设有一些独立的殿堂，如观音殿、罗汉堂等。

图5-3 圆通庵/前页
坐落在天台磴道途中，附近有香炉峰、仙桃峰。庵临崖依山势高低修成，入口处形似一幢二层民宅。从山下向上仰视圆通庵，殿宇高达五层之多，十分雄伟。

从建筑形式来看，九华山佛寺不同于内地佛寺的传统官式形制。

在中国封建社会，建筑与使用对象严格地统一在同一等级之中。因此中国的传统建筑不仅是技术的结晶，而且是礼制、观念的载体。宫殿、民宅其造型差别便是有普遍意义的典型范例。这在历代的宫室制度中有详尽的规定。佛寺作为宗教的场所，其神圣的功能要求其造型效法于官式与皇家建筑。在佛寺中辅助建筑采用悬山顶，主要建筑采用歇山顶，并以单檐、重檐以及面宽、进深的多寡来进一步细分。在一些名刹，如山西五台菩萨顶，还采用庑殿等形式以强调皇家佛寺的身份地位。

在九华山，佛寺造型犹如民宅，青瓦白墙，简陋的硬山，朴素无华的屋脊或略有起伏跌落的封火墙。因基地窄小，高低错层的楼殿是这里常见的形式，其屋顶造型大多采用四

图5-4 慧居寺俯瞰
原名“慧庆庵”，是中闵园上天台磴道的起点，寺创建于清代，民国年间重修大殿，扩建殿宇，遂建成这座有三座大殿、可挂单接众的寺院。此寺殿宇宏伟但无山门，大殿临路而建，形制与通常佛寺大异。

图5-5 化城寺正面外观

化城寺虽是九华山主寺，但在立面造型上显然吸收了皖南民间祠堂的做法，大量采用硬山及封火山墙，这在其他佛教名山未见

水归堂的做法。种种手法与当地民宅毫无二致，这种现象不单出现在小型寺庵中，也屡见于当地的一些丛林、名刹，就是连金地藏卓锡的化城寺也不例外。这在四大佛山中也是绝无仅有的。

神圣的宗教殿堂采用民居的造型，这对香客多一分亲切、少一分敬畏。是什么原因造成九华山寺庙形象与正统寺庙模式的错位呢？是财力？是当地习俗、工匠技艺？……这确实是个值得思索的问题。

六、香火道场

佛教在中国随汉化普及逐渐产生学派，从“寺无定学”、“学无定寺”发展到宗派祖庭，传法世系。一些寺院精通佛理的高僧辈出，弘扬学派，广传弟子。佛教经千年弘传，出现了门派林立的佛教经义，于是寺院也就分化出以弘扬学派理论为主的佛学道场。但佛教作为一种大众化的宗教，它的生存与发展又是以满足世人对它那超自然力量的信仰与崇拜为前提。以佛陀为教主的庞大神系给信徒提供了众多的崇拜对象，也就产生了以满足社会下层崇拜、信仰为主的香火道场。被赋予大智、大行、大悲和大愿德行的文殊、普贤、观音和地藏四大菩萨，以五台山、峨眉山、普陀山和九华山为其道场的佛教名山，其之所以闻名遐迩，主要是民间对这些菩萨的信仰与崇拜。因此，四大佛教名山实质上便是佛教的四大香火道场。

图6-1 峨眉山万年寺

万年寺坐落于峨眉山观心岭下一块空旷的台地上。此寺创建于晋代，原名普贤寺，明代更名。原有殿宇七重，现存三殿仍十分雄伟。

图6--2 普陀山普济寺

普济寺坐落在梅岭山东麓灵鹫峰下，是普陀山第一大寺。寺前有海印池，中轴线上依次为山门、天王殿、圆通宝殿、藏经楼、方丈殿、内坛等七重建筑；中轴线左侧有伽蓝殿、罗汉殿、禅房、库房、功积堂；右侧有承德堂、关帝殿、蓝公祠、梅曙堂等建筑。

九华山对地藏菩萨的崇拜，始于金乔觉生前的苦行禅修使山民折服，地方官敬重，豪门大户感动。其实佛教之初不兴崇拜，自佛陀涅槃渐被神化，遂有崇拜活动之展开。崇拜对象始于骨殖、踪迹圣地。唐代贞观五年（631年）刺史张亮打开法门寺舍利塔，让人瞻礼佛骨“京邑内外，奔赴塔所，日有数万”，百姓烧顶、割臂、洒血以示虔诚者不可胜数，信徒狂热，如痴如醉。

舍利佛骨稀有，被视为“圣物”，九华山金乔觉圆寂真身不腐，这在芸芸众生心目中，若非菩萨转世，何能有此圣迹？何况千余年来，九华山先后有七位高僧圆寂后肉身如生，其影响之深远非其他名山可攀比。

九华山地藏菩萨的特殊魅力还在于地藏菩萨职掌幽冥教主的特殊职能。

图6-3　地藏菩萨像/对面页

据唐代隐士费冠卿所记，金地藏项耸骨奇，身穿兼钧麻衣，形象枯槁。但现在供奉的地藏菩萨像大多是方脸大耳，头戴金冠，身披袈裟，下骑“谛听”独角兽。

南無

在中国的传统观念中，世界有三：阳世、阴间、天界。凡夫俗子，成仙上天不可攀，故对天界之事信之不深。但人生难免一死，鬼魂不灭，认定阴间确有其事。为生后阴间生活着想，“前世不修，修来世”倾注了世人对未来的无限关切。明清以降，佛教信仰又从单纯的修来世、求解脱往生西方极乐净土演变为同时追求现世利益、祛病消灾增福延寿。其中地藏菩萨作为幽冥主宰有着无限的权力，于是人们把改善命运的希望寄托在乞求地藏菩萨的大愿上，由此，九华山成为香火胜地也是必然的。

《江南通志》称九华为“江南香火之宗”。潜心编著《九华山志》的周赟在《化城寺僧寮图记》中曰：“天下佛寺之盛，千僧极矣，乃九华山化城寺当承平时，寺僧且三四千人。寺不能容则分东西两序；又不能容，各分十余寮至六七十寮之多…… 而十方礼佛之客，仍患无下榻处，则又造重楼叠阁，以广招徕，蜂房水涡，杂沓喧嚷，岁无闭晷。”明清时期，九华山各大丛林均有固定的客源：东崖寺香客多来自广东，万年寺客源多来自华亭，甘露寺客源多来自江浙。旃檀禅林为接待豪富香客还专门设置了环境雅静、侧门可通车舆的花厅与“山中天”庭院。

佛国之中“山门经常远集，珍品毕致，希食甲于官府，凡城市所无、常从僧人售得之”（《九华山供应议》）。据山志载：“甚至有争主顾相殴杀者。”难怪清初诗人袁枚感叹道：“僧因香火富、佛被禅门坏。”

a

b

图6–4 山中天

花厅“山中天”设在旃檀禅寺大雄宝殿东侧，厅朝北，“山中天”为其相对的庭院，厅旁有门直通禅寺外，以方便贵客出进。

在对地藏菩萨狂热的崇拜中，虔诚的香客“从烧行香发展到烧拜香，所谓烧拜香，烧者草履布衣，顶绉纱巾，手捧香盘，口诵佛号，遇庙而拜，遇桥而跪，心无邪念，目不旁视，苟稍有懈怠者，谓必遭神谴云云，朝山回来又必斋醮数日而后已”（胡朴安《中国全国风俗志》）。朝礼地藏塔者“叫号动山谷，若疾痛之呼父母、蹈汤火之求救援”（清·施闰章《游九华山记》）。如今，超度亡灵等大型佛寺活动又恢复，不远百里千里之外前来烧香拜佛者年年递增，特别是每当地藏入寂之日，更是盛况空前。当我们看到成群结队身佩“佛”字黄袋，口诵佛号，遇庙便拜的人群，深感民间宗教信仰影响之巨大。

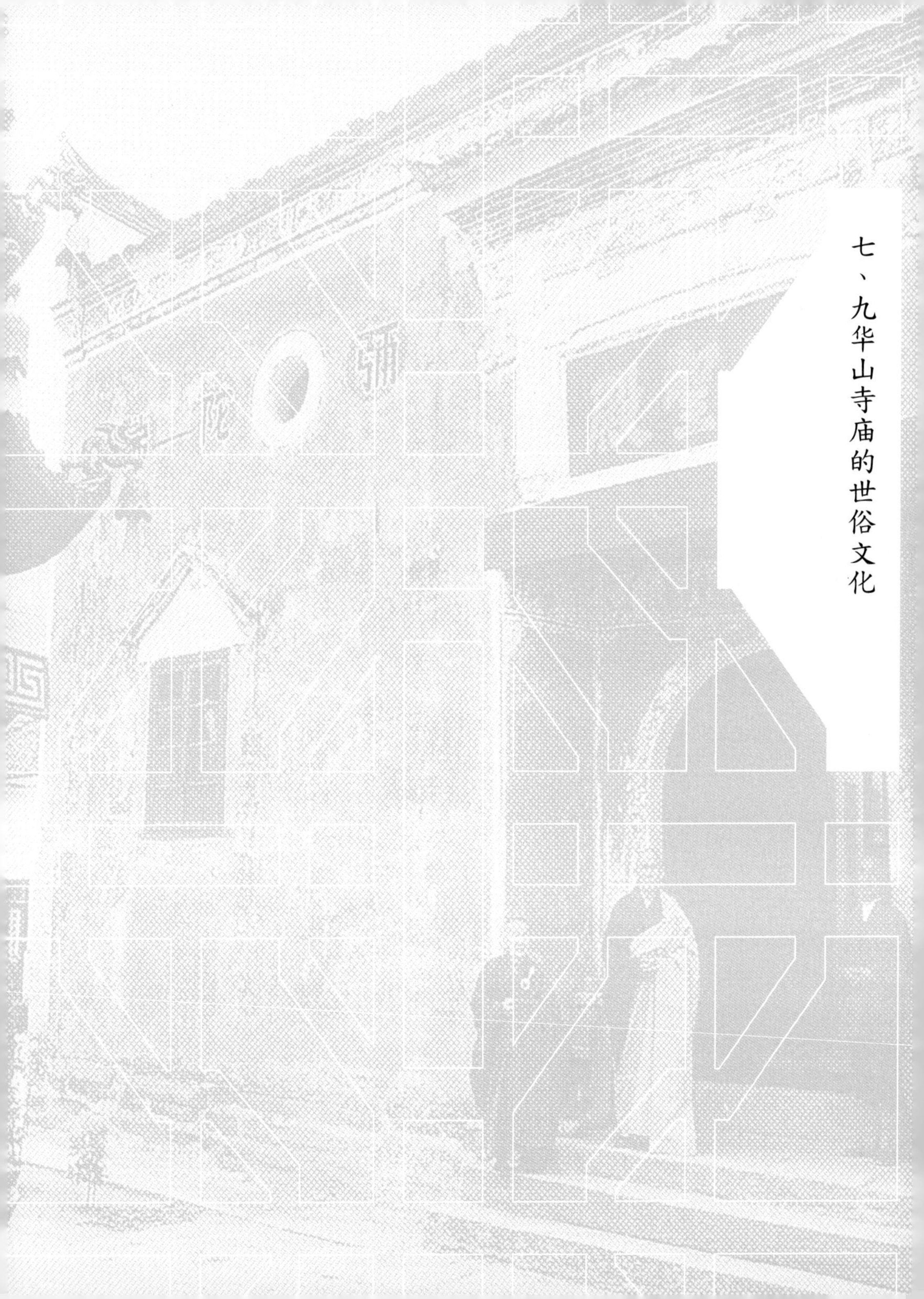

七、九华山寺庙的世俗文化

图7-1 娘娘塔基
位于化城寺广场东南角。据说金乔觉妻子寻夫未果而殉情，后人建七层塔纪念之，不知何时塔圮，现仅存修复后的方形石砌塔基一座。

娘娘塔基——金乔觉原为新罗国王族近亲。他弃荣华富贵，削发，涉海跨峰越壑来九华山修持，居石室，食白土少米，生活之艰难非常人能忍。对于这样一位传奇式人物，在当地流传着大量传说。其中有宣扬金乔觉有超人能力以证明他是菩萨的传说，如：金乔觉一展袈裟罩尽九华山九十九峰，龙女献泉等。但更吸引人的是反映金乔觉与世人悲欢离合的故事。最凄凉的一则是讲其娇妻从海外前来寻夫，劝归新罗，不允而投井殉情。这不由得使人想起近代高僧弘一法师（俗名李叔同），受戒于杭州灵隐寺，妻子求见一面被拒之门外的悲切场面。难道人间注定要由悲剧造就高僧？金乔觉是誓必度尽六道众生的地藏菩萨，“救人一命，胜造七级浮屠”，他又岂能忍心任娇妻为之殉情？被金地藏管辖的阎王遇其娇妻的阴魂又将如何对待？

a

b

图7-2 二圣殿内景与外观

二圣殿古名二神殿，坐落在九华山北麓，无相寺西，龙潭溪从东南绕殿而过。过去善男信女朝山起于二圣殿，殿内供奉的据说是金地藏的二位舅父。

金乔觉虽笃信佛教，但并非铁石心肠，他曾收一童子为徒。徒儿童心不泯，天真无邪，因受不了修行的清苦，他让徒儿还俗返家而去，为此金地藏还写下了“送童子下山”诗以示话别：“空门寂寞尔思家，礼别云房下九华。爱向竹栏骑竹马，懒于金地聚金沙。瓶添涧底休拈月，钵洗池中摆弄花。好去不须频下泪，老僧相伴有烟霞。”诗言志，金地藏对童心的理解、体谅、同情和慈祥的内心在诗中表露无遗。人岂无恻隐之心，善良如他又怎能让妻为之殉情？

也许投井殉情纯属虚构。唐代费冠卿《九华山初到化城寺记》：“将示灭，有尼侍者来。”尼侍何许人也？娇妻寻夫以削发为尼侍最合情理。但悲剧的魅力竟使后人在化城寺广场修建娘娘塔以纪念，现塔毁基存，它与广场上的井（殉情井）凝成石头的陈迹、永恒的怀念，引起游人无限的遐思。

二圣殿——明代始立的二圣殿坐落于九华山山脚下，二圣殿中供奉着二位头戴乌纱、身着朝服的长者是金地藏的两位舅舅。据说当年金地藏卓锡九华山，舅父奉命前来探望，规劝其返回新罗，结果双双受外甥感化，留在九华皈依佛教，但昔日生活优裕，难忍修行之苦而未忌荤酒。为纪念这两位舅舅而建的二圣殿，祭祀的贡品酒肉俱全。

这一传说既宣扬了金地藏的高尚德行的感召力，又反映了世俗对信佛不弃俗习的理解与

图7-3 金地藏侍者像

地藏菩萨左侧侍者为道明和尚。道明和尚是金地藏来九华后收的徒弟，他身穿袈裟手执锡杖。右侧侍者是道明的父亲闵公。闵公名让和，唐代青阳人，原为九华山巨富，信佛教、好施予，其塑像是身着员外服、须髯飘洒的老者，表明是在家持修的居士。

认可。尽管信佛吃素是中国佛教对印度佛教忌辛辣的误传，但二圣殿的供奉酒食则是世人心态的自我肯定。

民间的传说是世俗观念的载体，这一特点在民间佛寺中特别明显。今天供奉在金地藏二侧一僧一俗的侍者按传说是道明和尚和闵公居士，其实大可以看做当地山民供养与信仰金地藏的历史浓缩与提炼。

正如观音菩萨在密宗中仍保留着脱胎于印度婆罗门教双马童神的马头明王形象，而在汉地民间佛寺中已演变成一位慈祥、温柔、美丽、人情味十足的女性。这也是九华山佛殿中不愿再现当年金地藏枯槁形象的缘由。

八、地藏道场祖庭化城寺

a

b

图8-1 从化城寺山门看天井

天井地坪是陡峻的踏步，上是深不足一丈的狭长天空、再加上两侧配殿紧连逼近，显得格外局促。

图8-2 九龙盘珠八角藻井
大殿藻井采用斗栱层层出挑构成，表面饰有祥云、金龙、灵芝、蝙蝠，正中悬宝珠，造型精巧，彩绘富丽，为九华山寺院建筑中藻井之精品。

九华山以“天台为首、化城为腹、五溪为足”，地藏道场的祖庭就建在九华山的腹地。那是一块群山拱卫的台地，前有芙蓉峰，背倚白云山，东崖与神光岭二旁侧侍，化城寺就修在这台地的北部。寺依前卑后高的山势而建，面南，山门下设置了高台阶，使化城寺在台地中处于居高临下的有利地位。寺前开阔的广场进一步烘托出化城寺的特殊地位。在中国建筑史上极有影响的风水理论认为：“凡住地，平坦名曰梁土，后高前低名曰晋土，居之并吉。”与之对照，化城寺建址显然是风水吉地。

风水上的优势强化了化城寺作为地藏菩萨道场主寺的崇高地位，也为明清时期二序与寮房发展成有序化的群体格局奠定了基础。

莲花佛国九华山数百处寺庙，无论是仅有一间殿宇的最小庵堂，还是殿宇鳞次栉比的四大丛林，都是自由的平面布局，唯独地藏菩萨的祖庭化城寺，从入口广场的半月形放生池到陡峻的台阶、瑶台、山门、四进殿堂，采用了长达一百多米的中轴线贯穿始终。在九华山，是否使用轴线成了其他佛寺与主寺化城寺之间质的差别，轴线显示了化城寺作为祖庭的正统性。随着轴线的展开，序列中各进庭院空间强烈的体形、尺度对比进一步烘托主寺殿堂的神圣。如山门、前殿之间

图8-3 藏经楼
藏经楼是九华山幸存的唯一的明代建筑。楼二层，面宽五间，底层出前廊，楼层做轩，屋面硬山顶。楼前有小庭院。

两侧用厢廊相连，作为室外过渡空间的仅是一线天井，过前殿则是一方形庭院与大殿相对。虽然这个庭院的大小远逊于中原的许多名刹，但它与山门、前殿之间仅一线之隙的天井所形成的强烈对比，也许全国没有哪一所佛寺能与之并列。

化城寺大殿进深四间：第一间为轩廊。第二间做人字天花，内有楹联："愿将佛手双垂下，摸得人心一样平"。企求佛法持平实际上也是人间的呼声。第三间中原供有佛像，上有九龙盘珠八角藻井，此乃九华山佛寺装修之精品。在此起到提示和限定大殿主空间的艺术效果。

大殿之后是九华山幸存的明代建筑藏经楼。楼二层，随着室内地坪的逐渐递升，轴线最后的藏经楼已建在高出大殿地坪3米多的台基上。巍峨高耸的藏经楼至今还珍藏明清皇帝的圣谕、御书以及有千年历史的贝叶经和明代的《大藏经》。这一切都证明主寺祖庭的非凡经历，人们对它的崇敬自然也非一般佛寺能攀比的了。

九、朝山圣地金乔觉圆寂处

去朝山圣地神光岭金乔觉圆寂处的地藏塔院有一个紧张而神秘的前导空间。沿着旃檀林门前的石板路，走500多米便到“正天门”。它与进山的一天门、二天门、三天门遥相呼应，起着提示重要圣域即将到来的作用。正天门内供奉着一尊灵官像，怒目而视的形象加重了香客与游人的紧张心情。过正天门，方向骤转90°角，山路在建筑与山坡窄小的夹缝中持续升高，逶迤向前，仿佛在隐喻人生无常、前途难测。

小路的尽端偏在十王殿广场的一侧的下方，广场与小路的高差以及再次转向90°角的迷径效应渲染了前导空间的神秘气氛。

循台阶走上广场，发现十王殿广场的右侧是一座灵官殿。威严的灵官像的反复出现进一步强化了环境气氛的压抑与森严。

神光岭最初仅有一座简陋的墓塔，到清代已形成由塔殿、十王殿、灵官殿、笑指亭、玉香亭和华云深镇坊等建筑组成的建筑群。现塔殿、灵官殿尚是清代遗构，十王殿与亭均是近年重修，其余均毁而无存。

图9-1 灵官像/对面页

灵官是道教的神仙，全称“玉枢火府天将”，专职镇守的山神。在金元以后，受三教合一风俗之影响，民间渐出现灵官护法于佛教寺院的佛寺。九华山佛寺中也出现了诸多供奉灵官的殿宇。

图9-2 十王殿内景
十王殿创建于清代，毁于1973年，1992年重修。它是一幢口字形平面的建筑，天井中有一石拱桥，殿内塑有“刀山地狱”、“镬汤地狱”、“寒冰地狱”等十八层地狱的种种恐怖场面。原旨在惩恶扬善，后被统治阶级利用、解释为今世受苦，前世作孽。

十王殿在广场北侧，殿内十位王袍冠冕的阎王顺序而坐，案前各式表现生死轮回的地狱塑像，看了使人毛骨悚然。

出十王殿，迎面是高达20余米的石台阶，前人曾有“风撼塔铃天半语，众人都向梦中闻”之句以形容其高峻。拾级而上，与塔殿台基相平处横一巨石，构成了一门洞，增加了到塔殿之前的空间层次。中国素有门堂之制，但门洞设在蹬道上尚无先例，这应是当地匠师的创造。横石上正面刻“磐石常安”，背面刻“神光异彩”，分别是对塔殿与神光岭的赞语。

塔殿方形平面，重檐歇山顶。高台之上的塔殿在布局上隐喻地藏菩萨的冥主地位与十阎王位居于低下的臣属关系。

图9-3 月身宝殿

耸立于神光岭上，石柱，红墙，铁瓦，重檐歇山顶，汉白玉铺地。正面高悬“东南第一山”横匾。塔殿梁枋雕饰精致，彩绘华美，是朝山香客必到之圣地。

塔殿面宽进深均五间，副阶周匝。石质檐柱，南面刻有两幅楹联，一曰：“心同佛定香烟直，目极天高海日升”；另一联曰：“福被人物无穷尽，慧同日月常瞻依”。北面檐柱刻有：“誓渡群生离苦趣，愿放慈光转法轮”。这些对联分别表达了僧尼虔诚与菩萨宏愿的佛家思想。

进入塔殿，上方悬挂着镂空八角琉璃灯，终年长明。中央汉白玉台基上建有一座七层八角朱漆木塔。木塔每层每面均设佛龛，龛内供奉地藏菩萨贴金坐像。塔顶饰有金色华盖。殿两侧汉白玉的神台上塑有双手捧圭的十阎王贴金站像，拱卫侍立。凡到塔殿，总能看到心神贯一的香客，口中反复念着“地藏王菩萨”，在案前膜拜上供。他们大多是团体朝山的香客，神情专注虔诚。在这庄严肃穆气氛笼罩的塔殿中，即使是不信菩萨的游客也不敢喧哗。每年到了金地藏生日和成道日，塔殿内更是信徒云集，绕塔诵经膜拜，通宵达旦守塔者不计其数。

殿北“布金胜地”原为一半月形瑶石，台上列铸鼎供香客焚香之用。近年瑶石被拓宽加深，左右增建重檐方亭各一，以适应香火鼎盛、施主日多的需要。

图9-4 殿内木塔
月身宝殿内现存木塔重建于清同治五年（1866年）。塔七层八角，下为汉白玉台基，外观为楼阁式造型。塔下据说埋有被奉为地藏菩萨转世的金乔觉肉身。

十、应身菩萨显灵处——万年禅寺

图10-1 万年禅寺远眺
万年禅寺坐落在嵯峨摩天的摩空岭上，从九华街向万年禅寺遥望，宛若天上宫阙。寺内供奉着“应身菩萨”肉身，是九华山佛教圣地之一。

在庙前街向东崖遥望，只见一座禅寺在云雾缥缈的摩空岭上若隐若现，宛如天宫楼阁，令人神往不已。这座禅寺便是被民间称为百岁宫的万年禅寺。

万年禅寺原名摘星庵，据寺内清道光十九年（1839年）所立《万年禅林历代源流碑记序》所载：河北宛平无瑕和尚在明万历年间由五台、峨眉诸山辗转而来九华山，初住东岩摘星亭，见狮子山左右，有龟蛇拱护之状，遂卓锡焉。乃诛茅结庵，奉佛修持，苦行百有二年…… 计寿百二十六岁，世称百岁公。公寿终时作偈五十六字，“老叟形骸百有余，幻身枯瘦法身肥。岸头迹失魔边事，洞口言来格外机。天上星辰高可摘，世间人境远相离。客来问我归何处，腊尽春来又见梅。”命徒慧广将缸藏身，后见缸中屡放霞光。值钦差王大人上山进香，夜见霞光，因启视之，结迦趺坐，面色如生。于是装金龛供，奏闻于朝。崇祯三年

图10-2 应身菩萨像

应身菩萨法名海玉，生于明正德八年（1513年），于明万历年间来九华山结茅而居，卒于天启三年（1623年）。相传生前不食烟火熟食，仅以野果充饥，圆寂后三年不腐，便装金供奉，被崇祯皇帝敕封为应身菩萨。

敕封应身菩萨，御赐额："莲花宝藏"。慧广和尚就所居建佛殿、造戒堂、立方丈。法宇规模，秩始其备。遂成九华山四大丛林之一。

去万年禅寺的古道是从祇园寺顺九华溪东岸行数百步，登陡峻的石级盘旋而上，沿途密林、陡坡、峭壁、崖谷十分险峻。在这冗长古道端部转折处，骑路建有一座硬山顶的山亭，亭内供弥勒像。弥勒为未来世佛，佛经中说欲界之天有六重，弥勒住在第四重兜率天。山亭被题为"兜率院"，以隐喻万年禅寺在四重天之上。兜率院在这里还起着山门的作用，它界定了万年禅寺的边界，丰富了万年禅寺的空间层次。

进兜率院左折再向上，石阶一侧砌有石栏板，应是匠师区别山路与寺内交通空间而作的处理。过兜率院，渐近摩空岭巅，这里视野开阔，与沿途不见天日、幽深的山路成强烈的对比。这一跳跃的变化、空间的转换暗示着万年禅寺即在前方。果然再行百步许，一座"门"形寺院呈现在人们的面前。

图10-3 兜率院/对面页
这是一幢面宽一间的山亭，二坡硬山顶，位于临近百岁宫（万年禅寺）的山路转折处。亭内供奉着弥勒像，故名兜率院。

龍華三會
兜率院

万年禅寺高踞于危岩绝壁之上，三面临空，中间是由建筑围合的梯形广场。寺建于巅后，地基前高后低，从广场看去，只是一组略有起伏的平房。香积厨、库房布置在西侧；东侧为钟房，低矮的尺度、墙基处还保留着部分外突的山岩。正面的大殿外观朴素得像简陋的民宅。大门偏于一侧，除门头上饰以门罩外别无其他装饰。这一切不合丛林常规的做法若非亲见断不能想象。唯一引人注目的是门罩下那块北洋政府总统黎元洪楷书“钦赐百岁宫 护国万年寺”的匾额，表明它曾受到过政界的重视。

大殿内地坪低于广场四级踏步，这是顺应山势后坡所致，因此也提高了室内空间。殿面宽三间，进深四间，东侧辟为客堂，用板壁分割。殿内正面释迦居中，文殊、普贤分侍两侧，藻井设在佛像正上方。佛龛两边供奉二十四诸天。原先东西二龛供达摩坐像与无瑕真身，近年来无瑕肉身被移至后殿。

后殿以楼梯分界、前为二层后为三层。后殿之北尚有一幢三层的寮房。万年禅寺主体建筑前后三进，檐口相平，天井狭小。禅寺层数的变化与层高的不等完全是利用自然地坪的高低起伏与建筑地坪的逐进跌落而成。为了在这弹丸之地节省用地，楼层还逐层出挑。真是极尽巧妙经营之能事。在这里，寺庙的空间序列是按垂直方向、水平方向交叉展开来组织的，这对传统的寺庙形制无疑是一种大胆的变通。这种变通源于无名匠师不受定向思维约束的胆识和对环境艺术真谛的悟性。

图10-4 万年禅寺广场

万年禅寺坐北朝南，粉墙黛瓦宛若山居的单层建筑呈“门”形布局。梯形广场西侧墙体砌在二块巨石之上。由于山巅面积狭小，万年禅寺平面外观极不规则，东侧呈多次折线、西侧呈多次锯齿状。四周是苍松、群山、云烟，显得清幽而脱俗，只有当朝圣的香客纷纷来到这里的时候，才感到万年禅寺已无法回避世俗的尘埃

图10-5 万年禅寺入口门罩与匾额

这是万年禅寺外观上唯一被强调的地方。门罩是采用木构的枋梁，当地常用的撑栱上架椽布瓦，惟匾额的式样尚属官式做法，给充满乡土气息的建筑带来一点严肃感。

万年禅寺卧伏于蜿蜒而下的岩石之上，它用岩壁当墙，岩石作基，许多巨石原封不动地保留在室内外，甚至在佛龛台基处也任其自然。整幢禅寺与自然处于高度的和谐与统一之中。唐代柳宗元曾提出开发自然“逸其人、因其地、全其天”的原则。万年禅寺便是属于这种类型的佳例之一。

十一、祇园寺

祇园寺的前身创建于明嘉靖年间（1522—1566年），起初只属化城寺东序六寮（宿住处）之一。佛教的二序源于寺院的二大职能，东序参与世俗事务管理，“以廉于己，世法通者”。明末清初，九华山朝山沿途香火兴旺，分散的地位卑下的各寮房出现逐步摆脱化城寺的控制，以独立寺庙身份接受施舍的趋势，其中影响最大的要数由寮房改寺而产生的祇园寺。

据佛经所载：祇园是佛祖释迦说法之圣地，地位高于菩萨圣迹，可见取此名即有与化城寺分庭抗衡之意。化城寺对此行径肯定有过反应。清嘉庆年间（1796—1820年）祇园住持乏人，殿宇行将颓废，若不能重振祇园，会危及其他从寮房发展起来的寺院。当时诸山长老对此十分关注，经商议请禅居于伏虎洞二十余年的隆山和尚出任住持以求重振祇园。

图11-1 祇园寺全景/对面页

祇园寺位于九华山腹地的入口处，原仅是化城寺的寮房，后经发展成九华山四大丛林之首。其建筑尺度宏大，装修考究，有大面积的重檐琉璃歇山顶大殿、三重檐的山门，建筑外观全景极为壮观。

大雄寶殿

祇园
九华山
祇园禅寺
法物流通处

图11-2 祇园寺入口门楼/前页

祇园寺入口门楼是九华山诸寺院中最华丽的一座。它是在山门入口处加建而成，采用金黄色的琉璃瓦屋面、歇山三重檐形式。门楼上的梁柱、撑栱雕饰华美，彩绘艳丽。

隆山住持开坛传戒，讲经募款，修缮扩建，“由是绀碧其殿宇，金绣其佛像，寺院焕然一新”（清·汪宗沂《重修祇园庵记》）。寺于咸丰年间虽遭兵火，但在光绪年间由大根禅师再次募建，民国二十五年又募修大雄宝殿，经历次发展，终于成为九华山四大丛林之首。

祇园寺发展成全山诸寺之冠得益于三次扩建，它成功地运用建筑手段重塑形象，达到扩大影响，提高声望、地位，吸引更多香客施舍等综合效果。

祇园寺位于东崖峰西麓，迎仙桥东侧，清乾隆六十年（1795年）进山一段老路因迎仙桥的建成而废弃，使“三天门”方向前来的香客固定地在祇园西侧经过。祇园抓住这一变化及时修建了厨房、斋堂和东西轴线上的僧房、方丈以及现在的客房部分。这次扩建使面宽加大，入口南移，其建筑形象在山路前视方向产生明显的注视效应。第二次扩建了韦驮殿、戒台殿、客堂、讲堂与山门，使寺院分区与功能日趋完善。从北向南延伸的建筑形象为迎仙桥对面山路前来的香客提供了更为强烈的景观。

图11-3 从大雄宝殿南侧看二门、山门/对面页

洞门、隔墙、二门与山门方向偏折的屋顶，狭小的交通空间与曲折的无轴线的布局在这里得到一定的反映。

随着二次扩建的成功，寺院规模的扩大与财力的增强，使抗衡化城寺的初衷在第三次扩建中得到集中体现。这次扩建的大雄宝殿采用了等级高于化城寺大殿的重檐歇山顶，屋面满铺金色琉璃，在山门之前又续建殿宇式的入口。那新入口采用了华丽的三重檐琉璃门楼，在门前还精心设置了隐喻祇陀太子园林而刻有钱币和莲花图案的石质甬道。这一切都力图强调祇园寺是佛祖传经圣地的特殊身份，以期凌驾于菩萨道场之上。

祇园寺的空间处理也极有特色。因受地基限制，故其布局放弃了传统的轴线手法并提高建筑密度，变庭院为天井等来组织寺庙空间。当一进入山门，无论在什么位置都无法看到殿堂完整的外部形象，因山势曲折起伏使狭小的室外交通空间视野闭塞，视距浅近，室内外空间过渡的节奏加快，其中狭小的曲折的前导空间与超人尺度的大殿的室内空间的对比最为强烈。祇园寺用全山最小的前庭院与全山最宏伟的大殿组合在一起产生了意外的震撼人心的宗教艺术效果。就其组合方式而言，在全国佛寺中也是罕见的。

图11-4 大雄宝殿内景与三尊大佛/对面页
高大、宏伟、超人的尺度，阴暗的光线，无一不是用来塑造神的空间的神秘气氛。祇园寺的大雄宝殿是九华山诸佛寺中最大的殿宇。

祇园寺在逐次的扩建中形成了密集聚建的布局，前卑后高的地势，殿宇建筑采取随地基升高层数增加的方式建造。与万年禅寺比较，正好是反其道行之的极端。结果，高大的大殿与多层的殿宇紧贴在韦驮殿与客房之后，于是出现了极为整体的、向垂直方向展开的外观。这在九华山众多寺院中显得最为宏伟壮丽，这与祇园寺立意自我宣扬、自我推销是一致的。

由于祇园寺坐落于山麓，它的尺度与高入云霄的山体相比还是相宜的。

大事年表

朝代	年号	公元纪年	大事记
晋	隆安五年	401年	天竺僧怀渡到建茅庵
唐	初		创碧云庵于黄匏城山麓
	开元前		创法乐院于双石崖
	开元末年	741年	僧檀号居茅庵诵经说法不久焚毁
	至德元年至大历十一年	756—776年	金乔觉在诸葛节等捐赠下创建化城寺
	贞元十五年	799年	金乔觉圆寂后三年建肉身塔供奉
	会昌年间	841—846年	武宗下诏灭法，寺庵俱毁
	乾符元年	874年	王季文舍宅僧智英改为无相寺
南唐	昇元间	937—942年	建崇寿寺于龟山
	保大年间	943—956年	建灵鹤庵于西洪岑
宋	太平兴国年间	976—984年	僧云释在百丈潭西建资圣庵
	大中祥符年间	1008—1016年	僧云林创建净居寺于双石崖
	治平元年	1064年	建圣泉寺于魁山下
明	洪武二十四年	1391年	朝廷赐款扩建化城寺
	宣德年间	1426—1435年	朝廷二次赐款、僧福庆重修化城寺
	正德元年	1506年	莲花峰下重建莲花庵
	万历年间	1573—1620年	僧本觉建白云庵、僧祖安建朴云庵于天台峰下 知县苏万民建四峰庵、阳华楼、元览亭、如来真境坊、摩空亭
	万历十四、二十六年	1586年、1598年	神宗向化城寺降旨、赐款、赐经
	崇祯三年	1630年	思宗敕封无瑕和尚为应身菩萨赐庵名“百岁宫”，同年僧慧广主持扩建
	崇祯十二年	1639年	僧明如募修准提庵于拾宝岩
清	康熙六年	1667年	僧洞安筹建甘露寺
	康熙四十二年	1703年	朝廷赐银化城寺
	康熙四十四年	1705年	朝廷送御书“九华圣境”匾额
	康熙四十八年	1709年	再次赐银给化城寺

朝代	年号	公元纪年	大事记
清	康熙五十六年	1717年	百岁宫焚，四年后重建
	康熙年间		化城寺12家寮房发展为72家。僧尘尘子重建天台寺名活埋庵
	乾隆三十一年	1766年	朝廷赐化城寺御书“芬陀普教”匾额
	嘉庆年间	1796—1820年	隆山和尚主持重修祇树庵
	道光三年	1823年	募修水陆殿
	咸丰三年—十一年	1853—1861年	百岁宫、九子寺、回香阁、通慧庵、甘露寺等佛寺均遭兵燹、化城寺于咸丰七年焚，仅存藏经楼、兵燹使化城寺寮房减至十余家
	同治年间	1862—1874年	同治初肉身殿毁于洪水；僧大根募修祇园、僧开泰募修上禅堂、僧广成复兴松树庵、僧开明复兴永胜庵 新建绿云庵、佛陀里、长生庵、天然庵、观音阁、菩提阁
	光绪年间	1875—1908年	僧文泽募建净慧庵；重建百岁宫、准提庵、募修观音楼；重修肉身殿、旃檀林、化城寺、九子寺；募修圣持庵、回龙庵、九莲庵、真如庵
中华民国	9年	1920年	彻德禅师在活埋庵址重建地藏禅林
	31年	1942年	日寇兵燹净居寺、黄金庵、松树庵、佛陀里、法华寺、永兴茅棚

图书在版编目（CIP）数据

九华山寺庙建筑 / 殷永达撰文 / 陆开蒂摄影. —北京：中国建筑工业出版社，2013.10
（中国精致建筑100）
ISBN 978-7-112-15908-6

Ⅰ. ①九… Ⅱ. ①殷… ②陆… Ⅲ. ①寺庙-宗教建筑-建筑艺术-池州市-图集 Ⅳ. ①TU-098.3

中国版本图书馆CIP数据核字（2013）第228991号

责任编辑：董苏华 张惠珍 孙立波
技术编辑：李建云 赵子宽
图片编辑：张振光
美术编辑：赵 清 康 羽
书籍设计：瀚清堂·赵 清 周伟伟 康 羽
责任校对：张慧丽 陈晶晶 关 健
图文统筹：廖晓明 孙 梅 骆毓华
责任印制：郭希增 臧红心
材料统筹：方承艺

中国精致建筑100

九华山寺庙建筑

殷永达 撰文/陆开蒂 摄影

中国建筑工业出版社出版、发行（北京西郊百万庄）
各地新华书店、建筑书店经销
南京瀚清堂设计有限公司制版
北京顺诚彩色印刷有限公司印刷

开本：889×710 毫米 1/32 印张：$2^7/_8$ 插页：1 字数：123 千字
2016年5月第一版 2016年5月第一次印刷
定价：**48.00**元
ISBN 978-7-112-15908-6
（24335）

（邮政编码 100037）